Anjara Lalaina Jocelyn RAKOTOARISOA

Análise de dados quantitativos

Anjara Lalaina Jocelyn RAKOTOARISOA

Análise de dados quantitativos

Imprint

Any brand names and product names mentioned in this book are subject to trademark, brand or patent protection and are trademarks or registered trademarks of their respective holders. The use of brand names, product names, common names, trade names, product descriptions etc. even without a particular marking in this work is in no way to be construed to mean that such names may be regarded as unrestricted in respect of trademark and brand protection legislation and could thus be used by anyone.

Cover image: www.ingimage.com

This book is a translation from the original published under ISBN 978-3-8417-9396-6.

Publisher:
Sciencia Scripts
is a trademark of
Dodo Books Indian Ocean Ltd. and OmniScriptum S.R.L publishing group

120 High Road, East Finchley, London, N2 9ED, United Kingdom
Str. Armeneasca 28/1, office 1, Chisinau MD-2012, Republic of Moldova, Europe
Managing Directors: Ieva Konstantinova, Victoria Ursu
info@omniscriptum.com

Printed at: see last page
ISBN: 978-620-8-38948-2

Algumas observações introdutórias

Este manual foi concebido para fornecer aos estudantes e a outras partes interessadas uma introdução aos conceitos fundamentais da análise de dados quantitativos. Destinado principalmente aos estudantes que irão realizar inquéritos no terreno e recolher dados, é também um guia introdutório aos métodos de amostragem, sem exigir conhecimentos prévios avançados de estatística ou matemática. O manual foi concebido para ser acessível e didático, com ilustrações práticas que facilitam a compreensão e a assimilação dos conceitos.

Índice

1 Definições de dados quantitativos

1.1 Natureza dos dados quantitativos

Os dados quantitativos referem-se a conjuntos de informação que podem ser medidos e/ou identificados (Monjallon, 1980). Quando a informação é quantificável, pode ser associada a uma unidade de medida específica ou categorizada de acordo com determinados critérios.

Os dados quantitativos podem ser classificados de acordo com a sua contabilidade. Diz-se que os dados são discretos quando são contáveis, ou seja, o seu número pode ser contado de uma forma natural (Moore, McCabe, & Craig, 2017). Matematicamente, os dados são considerados discretos quando são representados por valores inteiros. Por exemplo, isto inclui o número de passageiros num avião, o número de estudantes numa universidade, o número de ovos postos por uma galinha ou o número de peças defeituosas num lote.

Por outro lado, diz-se que os dados são contínuos quando o seu valor pode assumir todos os valores reais possíveis, sem ser necessariamente inteiro ou contável. Exemplos de dados contínuos incluem a altura de um indivíduo (164,5 cm, 166,0 cm, ou 166 cm), a área de superfície de um terreno (35,1 m², 647,0 km², ou 12,4 ha), ou a capacidade de um tanque de água (78,4 litros, 80,0 decalitros, ou 43,4 centilitros).

1.2 Diferença entre dados quantitativos e qualitativos

Alguns dados não são necessariamente numéricos, como as cores (vermelho, azul, branco, etc.) ou as marcas de automóveis (Toyota, Subaru, Ford, etc.). Nestes casos, falamos de dados qualitativos, que se referem à qualidade de uma determinada variável.

Os dados qualitativos são geralmente não numéricos e podem ser classificados como nominais ou ordinais. (Tillé, 2010). Diz-se que são nominais quando representam categorias ou classes sem hierarquia ou ordem definidas. Por exemplo, a cor dos olhos é um dado qualitativo nominal, porque nenhuma cor é considerada superior a outra. Por outro lado, os dados qualitativos são ordinais quando estão organizados de acordo com uma determinada ordem ou hierarquia. Os exemplos incluem as patentes militares (em que um general é superior a um coronel) ou os níveis de satisfação do cliente com um produto (não satisfeito, não muito satisfeito, moderadamente satisfeito, bastante satisfeito, muito satisfeito). Assim, enquanto os dados quantitativos são geralmente numéricos, os dados qualitativos são não numéricos. O quadro seguinte ilustra a distinção entre os dois tipos de dados:

Critérios	Quantitativo	Qualitativo
Caraterísticas	Medição digital	Informação que descreve um carácter não numérico
Natureza	Digital	Não digital
Tipos	- Discreto: contável - Contínuo: incontável	- Nominal: sem hierarquia/sem ordem - Ordinal: com uma hierarquia/com uma certa ordem de gradação
Exemplos	- Discreto: número de estudantes na universidade - Continuação: área de superfície de um terreno	- Nominal: estado civil (solteiro, viúvo, casado, etc.) - Ordinal: nível de ensino (primário, secundário, universitário)

Observações :

1. Nalguns casos, é possível quantificar dados qualitativos. A título de exemplo, as cores que são dados qualitativos nominais podem ser captadas de acordo com os seus comprimentos de onda. Por exemplo, a cor vermelha tem um comprimento de onda de cerca de 625 a 740 nanómetros (nm), a amarela de cerca de 565 a 590 (nm) e a violeta de cerca de 380 a 430 nm (Villemin, 2017).

2. Os dados qualitativos podem (ou não) ter uma ordem de gradação em certos casos, pois podemos atribuir-lhes um tipo menos óbvio (ordinal ou nominal). Por exemplo, no caso da passagem de um ciclone, a variável cor pode ter uma escala de ordem (verde: perigo evitado, vermelho: perigo iminente,

etc.). Nesta ilustração, o nível de perigo é representado de acordo com um código de cores, pelo que, nesta situação, a cor tornou-se um dado qualitativo ordinal (cada cor corresponde a um maior ou menor nível de perigo).

2 Importância da análise de dados quantitativos

Ao transformar a informação bruta em dados quantitativos utilizáveis, a análise de dados é utilizada para compreender fenómenos complexos numa variedade de situações. Esta compreensão permite então tomar decisões com base em explorações mais racionais com provas e fundamentos de apoio.

2.1. Aplicações em vários domínios

A análise de dados quantitativos é utilizada numa grande variedade de domínios. Seguem-se alguns exemplos concretos para ilustrar estes casos:

Nas ciências sociais, a análise de dados quantitativos pode ser utilizada para estudar o comportamento social e humano. Por exemplo, uma análise de dados sobre microfinanciamento na Índia concluiu que o acesso ao microcrédito aumenta o investimento das pequenas empresas. No entanto, este acesso não reduz a pobreza a curto prazo (Banerjee, Duflo, Glennerster, & Kinnan, 2014).

Na economia comportamental, a análise de dados baseada em dados experimentais sugeriu que os indivíduos sobrestimam as perdas em relação aos lucros. É o caso da aversão à perda (Kahneman & Tversky, 1979).

Em termos de saúde pública durante a pandemia de covid-19, Flaxman et al (2020) verificaram que, através da análise quantitativa de dados provenientes da Europa, as medidas de confinamento rigorosas estavam associadas a uma redução da transmissão da covid-19. No entanto, essa eficácia variou consoante a rapidez de implementação e o nível de cumprimento dessas medidas (Flaxman, 2020). Do mesmo modo, no caso de África, Eisele et al (2012) observaram que a distribuição e a utilização de redes mosquiteiras impregnadas tinham, de facto, reduzido significativamente a mortalidade infantil devida à malária (Thomas, 2012).

No mundo do marketing, o gigante dos transportes Uber conseguiu maximizar as suas receitas e reduzir os tempos de espera dos clientes graças à utilização de uma análise quantitativa dos dados. De facto, a Uber efectuou uma análise em tempo real da procura dos utilizadores com base em vários parâmetros (climas, eventos festivos, etc.) para desenvolver a sua tarifa e conseguiu equilibrar a sua oferta em relação à procura (Hall & Krueger, 2017).

2.2 Objectivos da análise: descrever, explorar, comparar, prever

A descrição é um dos objectivos da análise de dados quantitativos, exatamente como Moore et al. afirmam quando dizem que "*O objetivo da análise de dados é fornecer uma descrição clara e precisa dos dados."* (Moore, McCabe, & Craig, 2017) . Consiste no resumo conciso e claro e na apresentação do estado/caraterística de um objeto ou assunto bem definido. Cochran (1977) comenta sobre este aspeto objetivo da análise de dados que *"a análise de dados diz respeito à recolha, síntese e interpretação de dados para fornecer conhecimentos sobre fenómenos subjacentes e para orientar a tomada de decisões"* (Cochran, 1977) refere-se a este objetivo da descrição. De facto, a título de exemplo, embora o francês pareça ser falado por uma boa parte da população urbana malgaxe, os dados mostram que só pode ser falado por pouco menos de metade (47,2%) desta mesma população. Os dados mostram, portanto, um fenómeno que não é evidente no sentido das percepções habituais e que não corresponde à opinião comum:

		Population totale	Malagasy	Français	Anglais	Autres langues
Milieu de résidence	Urbain	4 608 045	99,9	47,2	19,8	2
	Rural	18 899 925	99,9	17,8	5,4	0,3

Fonte: MDG - INSTAT - RGPH2018

Neste quadro descritivo, a análise quantitativa dos dados permite calcular indicadores numéricos que permitem avaliar determinadas caraterísticas do objeto de estudo.

Para além da descrição, a análise de dados quantitativos permite também explorar um conjunto de informações e extrair caraterísticas significativas. Este aspeto exploratório indica que *"a análise de dados envolve a transformação de dados brutos em informação significativa que pode ser utilizada para responder a questões de investigação e tomar decisões informadas. Envolve a aplicação de uma variedade de métodos estatísticos para resumir, explorar e inferir informações a partir dos dados."* (Field, 2013).

Por exemplo, uma comparação entre o PIB real e as emissões de dióxido de carbono (CO_2) para a atmosfera em Madagáscar mostra que, quando o PIB aumenta, o mesmo acontece com o volume de gás emitido. É a isto que chamamos uma relação paralela:

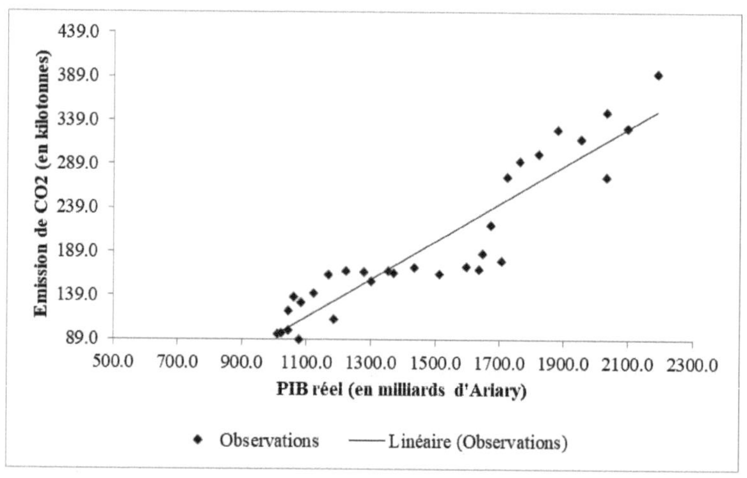

Fonte: Indicador de Desenvolvimento Mundial

A análise de dados quantitativos também oferece a possibilidade de efetuar comparações, avaliando a diferença ou possível semelhança entre duas ou mais distribuições de informação (Huber & Ronchetti, 2011). Por exemplo, pode ser utilizada para verificar se um tratamento é eficaz, comparando estatisticamente o efeito do tratamento num grupo tratado em relação a um grupo não tratado.

Esta abordagem é amplamente utilizada em ensaios clínicos para avaliar a eficácia de um tratamento médico (Huber & Ronchetti, 2011).

Por último, a análise de dados quantitativos fornece-nos instrumentos de previsão. Pode tratar-se de previsões demográficas, da avaliação do possível impacto de uma política económica ou de previsões meteorológicas.

PARTE I: TIPOS DE DADOS QUANTITATIVOS

1 Dados discretos e contínuos

1.1 Definições e exemplos

Critérios	Dados discretos	Dados contínuos
Descrição	Medida quantitativa que pode ser contada e distinguida	Medida quantitativa que pode assumir qualquer valor dentro de um intervalo bem definido.
Caraterísticas	Contabilidade e nenhum valor intermédio	Mensurável com uma multiplicidade de valores intermédios possíveis
Valor	Número inteiro	Número real
Exemplos	-Tamanho da população numa região -Número de palavras num texto	-Temperatura -Volume de água num tanque

1.2 Representações gráficas

A representação gráfica de uma série de dados depende da natureza dos dados, das suas caraterísticas e do objetivo da análise. Por exemplo, uma curva é frequentemente mais adequada para visualizar a evolução de uma variável ao longo do tempo. No exemplo apresentado na figura seguinte, é evidente que o custo de vida em Madagáscar tem vindo a aumentar ao longo dos anos:

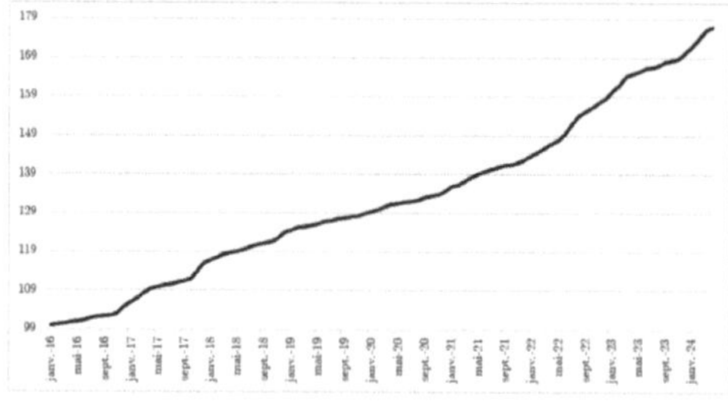

Fonte: Gráficos de dados do Indicador de Desenvolvimento
Mundial

Para dados discretos que se alteram ao longo do tempo, a utilização
de gráficos de barras é adequada, como mostra a figura abaixo. Os
gráficos de barras permitem visualizar claramente as variações e
tendências de uma variável discreta ao longo do tempo (Keller,
2018) :

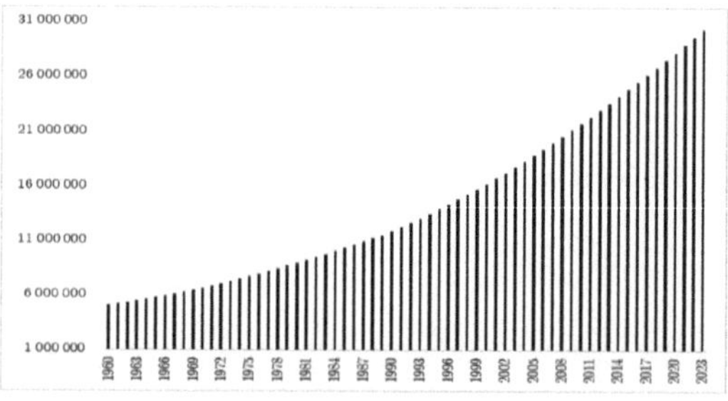

Fonte: Gráficos de dados do Indicador de Desenvolvimento
Mundial

O gráfico de pizza é frequentemente utilizado para visualizar
distribuições ou repartições. Representa um círculo dividido em
secções proporcionais à parte dos dados. O total corresponde a

360°. Por exemplo, no que respeita à distribuição da população mundial em 2023, 59,18% vivem na Ásia (ver figura seguinte).

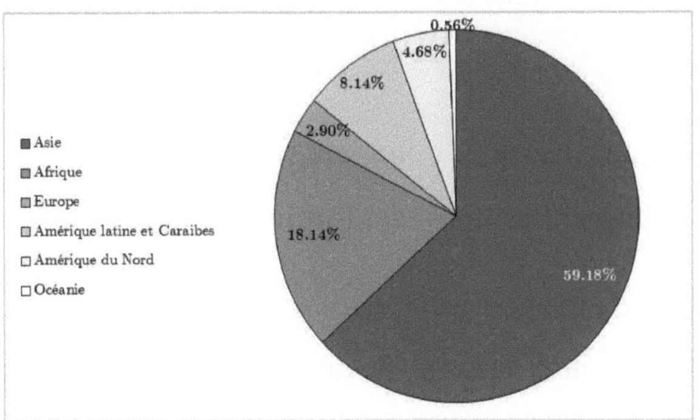

Fonte: Statista, 2023

2. Escalas de medição

As escalas de medida são essenciais para a organização e a análise dos dados recolhidos no âmbito de um projeto de investigação. Elas determinam o tipo de operações matemáticas e estatísticas que podem ser aplicadas aos dados, bem como a forma como os resultados podem ser interpretados (Babbie E. , 2016). Existem quatro tipos de escala de medida: nominal, ordinal, intervalar e de rácio. (Stevens, 1946). Cada uma destas escalas tem as suas próprias caraterísticas específicas e implicações para a análise (Burns & Grove, 2010).

2.1. Escala nominal

A escala nominal é a mais simples das escalas de medida. É utilizada para classificar os dados em categorias distintas, sem ordem ou hierarquia. Os dados são simplesmente nomeados ou rotulados e não têm qualquer relação quantitativa entre si (Sullivan, 2010). Os valores de uma escala nominal são qualitativos e não numéricos. Não podem ser classificados ou ordenados de forma significativa.

Exemplos: sexo (masculino, feminino), cor dos olhos (azul, verde, castanho), categoria profissional (professor, engenheiro, médico).

Na análise de dados nominais, apenas operações como a contagem de frequências ou a criação de tabelas cruzadas são relevantes (Trochim, 2006).

2.2. Escala ordinal

A escala ordinal é utilizada para classificar os dados de acordo com uma determinada ordem ou hierarquia, mas não dá qualquer informação sobre o intervalo entre categorias. É habitualmente utilizada em questionários em que as respostas são organizadas em níveis ou graus (Sullivan, 2010). Os dados ordinais indicam uma ordem ou classificação. No entanto, as diferenças entre os níveis da escala não são necessariamente iguais ou quantificáveis (Babbie E. , 2016).

Exemplos: níveis de satisfação (muito satisfeito, satisfeito, pouco satisfeito, insatisfeito), classificação da concorrência (1º, 2º, 3º).

2.3 Escala de intervalo

A escala intervalar é uma escala numérica que permite não só ordenar os dados, mas também medir a distância entre os valores. Ao contrário da escala ordinal, as diferenças entre os valores desta escala são significativas e constantes, mas não existe um ponto zero absoluto (Babbie E. , 2016).

Os dados numa escala de intervalos podem ser adicionados e subtraídos, mas o rácio não tem significado (por exemplo, uma temperatura de 40°C não é duas vezes mais quente do que 20°C). (Sullivan, 2010).

Exemplos: temperatura em graus Celsius, pontuação num teste de QI.

Os métodos estatísticos para a análise de dados intervalares incluem a média e o desvio padrão, uma vez que as diferenças entre os valores são consistentes (Trochim, 2006).

2.4. Escala de rácios

A escala de razão é a mais precisa das escalas de medida. Tal como a escala de intervalos, tem intervalos iguais entre valores, mas também tem um ponto zero absoluto. Isto significa que todas as operações matemáticas são possíveis, incluindo os rácios (Babbie E. , 2016).

A escala de razão permite dizer que um valor é duas vezes maior ou menor do que outro, porque existe um ponto zero que significa a ausência total da quantidade medida. (Sullivan, 2010).

Exemplos: peso, altura, idade, rendimento.

Os dados numa escala de razão permitem uma grande flexibilidade nas análises estatísticas, incluindo médias geométricas e harmónicas, bem como testes paramétricos (Trochim, 2006).

Escala de medição	Declarações descritivas	Propriedades principais	Exemplos
Nominal	Categorização ou classificação sem ordem intrínseca entre categorias	-Não há ordem entre as categorias -Não há distância mensurável entre as categorias	Género, cor
Ordinale	Classificação de categorias com gradação	-Hierarquia de categorias Distância não mensurável entre categorias	Nível de satisfação
Intervalo	Medição com valores ordenados		

PARTE II: TÉCNICAS DE RECOLHA DE DADOS QUANTITATIVOS

1 Métodos de recolha

A recolha de dados é uma fase necessária e inevitável na análise de dados quantitativos. De facto, o método de recolha de dados varia de acordo com o objetivo pretendido (Creswell, 2014). Existem três métodos principais de recolha de dados, nomeadamente os inquéritos por questionários e/ou entrevistas, a experimentação e a observação direta (Fowler, 2014).

Cada um destes métodos está adaptado a determinados contextos. Por exemplo, a experimentação é muito mais fiável no caso de um ensaio clínico e na modelação de séries temporais (ou séries históricas ou temporais). Os inquéritos são mais favoráveis no caso das sondagens de opinião (Bryman, 2016).

1.1 Inquéritos e questionários

Os inquéritos e questionários estão entre os métodos mais utilizados para recolher dados quantitativos e qualitativos em muitos domínios, como as ciências sociais, a economia, a saúde pública e o marketing (Fowler, 2014).

Os inquéritos são estudos estruturados que recolhem informações de uma amostra populacional de dimensão variável. Podem ser administrados através de entrevistas presenciais, por telefone, em linha ou por correio. A vantagem dos inquéritos é que podem ser adaptados para incluir perguntas abertas (qualitativas) e fechadas (quantitativas) (Creswell, 2014).

Os questionários, por outro lado, são instrumentos de medição normalizados que contêm uma série de perguntas pré-definidas. Permitem a normalização das respostas para facilitar a análise estatística. Os questionários podem incluir escalas de opinião, escolha múltipla ou formatos de resposta livre (Bryman, 2016).

Exemplo de utilização: Nos inquéritos de satisfação do cliente, as empresas utilizam questionários normalizados para avaliar aspectos como a qualidade do serviço, a experiência do cliente e a intenção de voltar a comprar. Os resultados são depois analisados para identificar áreas a melhorar.

1.2 Experiências

A experimentação é um método de recolha de dados em que o investigador manipula uma ou mais variáveis independentes para observar os efeitos dessa manipulação numa ou mais variáveis dependentes. É particularmente utilizada nas ciências experimentais, como a psicologia, a medicina ou a economia comportamental (Creswell, 2014).

A experimentação pode ter lugar no laboratório, onde as condições são controladas, ou no campo, onde as variáveis são manipuladas num ambiente natural. Os resultados das experiências permitem testar hipóteses com um elevado grau de precisão e fiabilidade (Bryman, 2016).

Exemplo de utilização: Uma empresa de marketing pode efetuar uma experiência para avaliar o impacto de diferentes promoções nas vendas de produtos. Ao alterar variáveis como o preço ou a apresentação, pode medir o efeito dessas alterações no comportamento de compra dos consumidores (Fowler, 2014).

1.3 Observações diretas

A observação direta é um método de recolha de dados qualitativos que consiste em observar comportamentos, acontecimentos ou situações no seu ambiente natural, sem interferir com eles. Este método é frequentemente utilizado em estudos etnográficos, análises comportamentais ou investigação em ciências sociais (Creswell, 2014).

As observações podem ser estruturadas, ou seja, com critérios pré-definidos, ou não estruturadas, e podem incluir registos de vídeo, fotografias ou notas de observação. A vantagem deste método é o facto de permitir a recolha de dados em tempo real e de uma forma contextual que muitas vezes é difícil de obter por outros meios (Bryman, 2016).

Exemplo de utilização: No âmbito de um estudo sobre o comportamento dos clientes numa loja, um investigador pode observar diretamente a forma como os clientes interagem com os produtos, quais os corredores mais frequentados e como são tomadas as decisões de compra. Estas observações diretas podem fornecer informações valiosas sobre a experiência de compra sem exigir a intervenção ativa dos participantes (Fowler, 2014).

2 Amostragem

A amostragem é uma fase crucial no processo de recolha de dados quantitativos. Envolve a seleção de um subconjunto de uma população, a fim de tirar conclusões generalizáveis. A escolha do método de amostragem e a dimensão da amostra influenciam a qualidade e a fiabilidade dos resultados obtidos (Creswell, 2014).

2.1. Tipos de amostragem

Amostragem aleatória simples

A amostragem aleatória simples é um método em que os indivíduos a inquirir são selecionados aleatoriamente. Cada membro tem a mesma hipótese de ser incluído na amostra. Assim, se quisermos efetuar um estudo sobre todos os estudantes da Universidade de Toamasina, podemos atribuir um número a cada estudante e selecionar aleatoriamente os números que constituem a amostra.

Amostragem estratificada

A amostragem estratificada consiste em dividir a população em subgrupos homogéneos, designados por estratos, e depois fazer uma amostragem aleatória dentro de cada estrato. Este método é útil quando a população tem caraterísticas variadas e se pretende garantir que cada subgrupo está representado.

Por exemplo, num estudo sobre as preferências dos consumidores, podemos estratificar a população por idade, sexo ou nível de rendimento, e depois selecionar amostras aleatórias de cada estrato.

Amostragem sistemática

A amostragem sistemática consiste em selecionar uma amostra escolhendo um ponto de partida aleatório e selecionando cada k-ésimo elemento da população. Por exemplo, se tiver uma lista de 1 000 pessoas e quiser uma amostra de 100, pode escolher um ponto de partida aleatório entre 1 e 10 e, em seguida, selecionar cada 10 pessoas da lista.

2.2. Dimensão e representatividade da amostra

A dimensão da amostra é um elemento-chave para garantir a validade dos resultados de um estudo. Um tamanho de amostra demasiado pequeno pode conduzir a resultados não fiáveis e não generalizáveis, enquanto um tamanho de amostra demasiado grande pode conduzir a um desperdício de recursos (Creswell, 2014).

É crucial determinar uma dimensão adequada da amostra com base em vários factores, tais como a variabilidade da população, o nível de confiança desejado e a precisão exigida nas estimativas (Bryman, 2016). Uma dimensão adequada da amostra contribui para a representatividade dos resultados e para o poder estatístico das análises.

Uma amostra é considerada representativa se refletir com precisão as caraterísticas da população como um todo. Uma amostragem adequada - quer seja aleatória, estratificada ou sistemática -

desempenha um papel essencial para garantir esta representatividade (Creswell, 2014).

Uma boa representatividade garante que as conclusões retiradas da amostra podem ser generalizadas a toda a população, o que é fundamental para a validade dos resultados do estudo (Bryman, 2016). Consequentemente, a escolha do método de amostragem deve ser cuidadosamente planeada para minimizar o enviesamento e maximizar a fiabilidade dos dados recolhidos.

Há duas situações possíveis para a recolha de uma amostra. A primeira é quando a dimensão da população a inquirir é conhecida e é finita. Assim, para encontrar a dimensão mínima necessária (Israel, 1992)precisamos de um número mínimo de observações:

$$n = \frac{\dfrac{z^2 * p * (1 - p)}{e^2}}{1 + \left(\dfrac{z^2 * p * (1 - p)}{Ne^2}\right)}$$

Sendo n a dimensão mínima requerida, z o coeficiente de pontuação z que avalia o nível de confiança (para um nível de confiança de 95%, z é 1,96 e 2,58 se o nível de confiança pretendido for 99%), p a proporção da população estudada que tem a caraterística de interesse em relação ao total, e a margem de erro selecionada e N a dimensão da população-mãe.

Nota: a proporção p *pode* não ser conhecida a priori. Por conseguinte, o valor 0,5 (ou 50%) é o valor conservador que optimiza o erro. Consequentemente, 0,5 é o valor ótimo para p

porque dá a maior dimensão de amostra que garante a máxima precisão (Cochran, 1977).

O segundo caso surge quando a dimensão da população-mãe é desconhecida ou infinita. Nessa situação, a dimensão mínima da amostra (Israel, 1992) a ser recolhida é estimada por :

$$n = \frac{z^2 * p * (1 - p)}{e^2}$$

PARTE III: ESTATÍSTICAS DESCRITIVAS

1 Medidas de tendência central

1.1 Média

A média é um indicador de posição que representa um valor único para todos os dados, como se todos os valores fossem idênticos. Por exemplo, se a idade média de uma população for 25 anos, isso significa que, numa situação em que todos os indivíduos tivessem a mesma idade, esta seria 25 anos.

Para calcular a média, dividimos a soma total dos dados pelo número de observações. Por exemplo, para os valores 5, 4, 9 e 12, a média é calculada da seguinte forma: (5 + 4 + 9 + 12) / 4, o que dá 7,5. De um modo geral, a média de uma série de dados quantitativos X é definida por esta fórmula:

$$\bar{X} = \frac{1}{n}\sum_{i=1}^{n} X_i$$

ᵢSendo n o número de observações, X o valor de X para a i-ésima observação

Exemplo:

Aqui estão as alturas (em cm) dos 10 pacientes de uma clínica:

161.1 157.2 147.4 168.6 154.1 169.3 147.3 157.4 159.0 146.3

$_{123910}$Como temos 10 doentes, o número de observações n é então igual a 10. Aqui, a primeira observação é 161,1, pelo que X é igual a 161,1, X = 157,2, X = 147,4, ..., X = 159,0 e X = 146,3.

O tamanho médio dos doentes é então igual a :

$$\bar{X} = \frac{1}{10} \sum_{i=1}^{10} X_i$$

Ou

$$\bar{X} = \frac{161.1 + 157.2 + 147.4 + 168.6 + 154.1 + 169.3 + 147.3 + 157.4 + 159.0 + 146.3}{10}$$

$$\bar{X} = \frac{1567.7}{10} = 156.77$$

A altura média é de 156,77 cm.

1.2 Mediana

Antes de discutir a mediana, é essencial compreender os conceitos de número e de frequência. A contagem representa o número de vezes que uma observação aparece num conjunto de dados. Para ilustrar estes conceitos, considere o seguinte exemplo:

Imaginemos uma aldeia com 25 agregados familiares, cada um com um determinado número de indivíduos. As variações no número de indivíduos por agregado familiar ajudam a ilustrar estes conceitos.

6	10	1	10	8
10	8	1	5	4
8	1	10	4	8
7	2	1	7	9
3	6	3	6	9

Neste caso, podemos ver que o número 1 aparece 4 vezes, o que significa que o seu número é 4. O número 2 aparece apenas uma vez, pelo que o seu número é 1. Da mesma forma, os números 8 e 10 têm cada um o número 4. Isto dá-nos a seguinte tabela de números:

X_i	Número (n_i)
1	4
2	1
3	2
4	2
5	1
6	3
7	2
8	4
9	2
10	4

A frequência, que expressa a ocorrência de um item de dados em relação a todas as observações, pode ser calculada por :

$$f_i = \frac{n_i}{\sum_{i=1}^{n} n_i}$$

Podemos então deduzir a frequência a partir da tabela acima:

Xi	Número de trabalhadores (ni)	Cálculo da frequência fi	Frequência (fi)
1	4	4/25	0.16
2	1	1/25	0.04
3	2	2/25	0.08
4	2	2/25	0.08
5	1	1/25	0.04
6	3	3/25	0.12
7	2	2/25	0.08
8	4	4/25	0.16
9	2	2/25	0.08
10	4	4/25	0.16
TOTAL	**25**		**1**

A frequência acumulada é a soma das frequências de uma observação e das que se lhe seguem. Para a calcular, somam-se as frequências sucessivas. Eis como o fazer:

$$F_i = \sum_{i=1}^{n_i} f_i$$

Xi	Número de trabalhadores (ni)	Frequência (fi)	Cálculo da frequência acumulada (Fi)	Frequência acumulada (Fi)
1	4	0.16	0.16	0.16
2	1	0.04	0.16+0.04	0.2
3	2	0.08	0.16+0.04+0.08	0.28
4	2	0.08	0.16+0.04+0.08+0.08	0.36
5	1	0.04	0.16+0.04+0.08+0.08+0.04	0.4
6	3	0.12		0.52
7	2	0.08		0.6

Xi	Número de trabalhadores (ni)	Frequência (fi)	Cálculo da frequência acumulada (Fi)	Frequência acumulada (Fi)
8	4	0.16		0.76
9	2	0.08		0.84
10	4	0.16		1
TOTAL	**25**	**1**		

A mediana é a observação que divide a distribuição em duas proporções iguais de 50% - 50%.

Xi	Frequência acumulada (Fi)	Observação
1	0.16	
2	0.2	
3	0.28	
4	0.36	
5	0.4	A frequência acumulada de 0,5 ou (50%) encontra-se entre as observações 5 e 6.
6	0.52	
7	0.6	
8	0.76	
9	0.84	
10	1	
TOTAL		

Para encontrar a mediana, utilize a interpolação linear :

5	0.4
Mediana (Me)	0.5
6	0.52

Por interpolação linear :

$$\frac{Me - 5}{6 - 5} = \frac{0.5 - 0.4}{0.52 - 0.4}$$

$$\frac{Me - 5}{1} = \frac{0.1}{0.12}$$

$$\frac{Me - 5}{1} = \frac{0.1}{0.12}$$

$$Me - 5 = 0.8333$$

$$Me = 5.8333$$

50% dos agregados familiares da aldeia têm uma dimensão inferior a 5,83 e 50% têm uma dimensão superior a 5,83.

1.3.Modo

A moda designa a observação com o maior número de indivíduos, ou seja, a que ocorre com maior frequência. Por exemplo, na série de observações 5, 3, 3, 3, 3, 1, 2, 1, a moda é 3, porque tem o maior número de observações, que é 4 (3 aparece 4 vezes).

No nosso exemplo, temos três modos: 1, 8 e 10. Isto significa que a nossa distribuição é multimodal.

Xi	Número de trabalhadores (ni)	Frequência (fi)
1	**4**	**0.16**
2	1	0.04

3	2	0.08
4	2	0.08
5	1	0.04
6	3	0.12
7	2	0.08
8	**4**	**0.16**
9	2	0.08
10	**4**	**0.16**

2. medições de dispersão

2.1 Âmbito de aplicação

O intervalo representa a diferença entre o valor máximo e o valor mínimo de uma série de dados. No nosso exemplo, o intervalo é calculado da seguinte forma: 10 (valor máximo) - 1 (valor mínimo) = 9.

$$e = X_{max} - X_{min}$$

2.2 Variância e desvio padrão

A variância é uma medida da dispersão de uma distribuição em relação à média. Quantifica o grau em que os valores se desviam da média.

$$V(X) = \frac{1}{n} \sum_{i=1}^{n} (X_i - \bar{X})^2$$

Ou então

$$V(X) = \frac{1}{n}\sum_{i=1}^{n} X_i^2 - \bar{X}^2$$

	Xi	X²	Xi - Xb	(Xi - Xb)²
	1	1	-4.5	20.25
	2	4	-3.5	12.25
	3	9	-2.5	6.25
	4	16	-1.5	2.25
	5	25	-0.5	0.25
	6	36	0.5	0.25
	7	49	1.5	2.25
	8	64	2.5	6.25
	9	81	3.5	12.25
	10	100	4.5	20.25
TOTAL	**55**	**385**	**0**	**82.5**

$$\bar{X} = \frac{55}{10} = 5.5$$

$$V(X) = \frac{1}{10}385 - 5.5^2 = \frac{385}{10} - (5.5)^2 = 8.25$$

A variância é, por conseguinte, de 8,25.

O desvio-padrão é o indicador que quantifica esta dispersão através da raiz quadrada da variância:

$$\sigma(X) = \sqrt{V(X)}$$

O desvio padrão no exemplo é 2,87 :

$$\sigma(X) = \sqrt{8.25} = 2.87$$

2.3 Coeficiente de variação

O coeficiente de variação (CV) é definido como o rácio entre o desvio padrão e a média de um conjunto de dados. Um valor elevado do coeficiente de variação indica uma maior dispersão dos dados em torno da média (Rohatgi & K., 2001).

Geralmente expresso em percentagem, o CV é uma medida sem unidade, o que facilita a comparação de distribuições com diferentes escalas de medida (Woods & Lichtenfeld, 2018). Esta propriedade torna-o uma ferramenta valiosa para avaliar a variabilidade relativa de vários conjuntos de dados.

$$CV = \frac{\sigma(X)}{\bar{X}}$$

Para o exemplo, temos :

$$CV = \frac{2.87}{5.5} = 0.5218$$

$$CV = 52.18\,\%$$

PARTE IV: TESTE DE HIPÓTESES

1 Hipótese nula e hipótese alternativa

Na análise de dados quantitativos, um teste de hipóteses é um método utilizado para verificar a validade de uma hipótese e chegar a uma conclusão. Neste processo, o investigador formula duas hipóteses complementares: a primeira, designada por hipótese nula (H0), representa a posição por defeito ou o pressuposto inicial que se pretende confirmar (Cohen, 1988).

Esta hipótese nula é confrontada com uma segunda hipótese, a hipótese alternativa (H1), que é complementar de H0. A hipótese alternativa exprime a ideia de que existe um efeito ou uma diferença, sugerindo que as observações são influenciadas por uma determinada variável ou fator (Field, 2013). Este quadro permite determinar se os resultados observados podem ser atribuídos ao acaso ou se são estatisticamente significativos.

Exemplo de formulação de uma hipótese

Depois do concerto dos Ambondrona no Coliseum d'Antsonjombe, muitos internautas sugeriram que os Ambondrona seriam a banda mais famosa de Madagáscar. Para testar esta "hipótese", podemos efetuar um teste estatístico com base nas seguintes hipóteses:

H0: A Ambondrona é a banda mais famosa de Madagáscar (hipótese nula)

H1: A Ambondrona não é a banda mais famosa de Madagáscar (hipótese alternativa)

Para testar uma hipótese, utilizamos uma estatística, designada por S, que segue uma distribuição de probabilidade específica, designada por L. Estes dois elementos permitem determinar um valor crítico contra o qual a estatística observada S será comparada. A decisão de rejeitar ou não a hipótese nula depende desta comparação. Em geral, se a estatística S exceder o valor crítico, a hipótese nula H0 é rejeitada e a hipótese alternativa H1 é aceite.

2 O teste do qui-quadrado

O teste do qui-quadrado é um instrumento estatístico utilizado para verificar a existência de uma associação entre variáveis categóricas ou para determinar se a distribuição das observações corresponde a uma distribuição teórica esperada, nomeadamente no caso de dados independentes. (Agresti, 2018). Este teste avalia a interdependência entre variáveis categóricas. Por exemplo, pode ser utilizado para examinar se a matrícula de uma criança na escola está ligada ao seu género (rapariga ou rapaz) ou para avaliar a eficácia de um tratamento médico (Siegel & Castellan, 1988). Este método é essencial em muitos domínios, incluindo a investigação em ciências sociais e saúde pública.

O teste do qui-quadrado é realizado numa tabela de contingência que é apresentada da seguinte forma

	Y_1	Y_2	...	Y_j	...	Y_{m-1}	Y_m	TOTAL
X1	A1,1	A1,2	...	A1,i	...	A1,m-1	A1,m	SL1
X2	A2,1	A2,2	...	A2,i	...	A2,m-1	A1,m	SL2
...	...	...	...	...	...	...	...	...

Xi	Ai,1	Ai,2	...	Ai,j	...	Ai,m-1	Ai,m	SLi
...	...	...	...	...	...	...	...	...
Xn-1	An-1,1	An-1,2	...	An-1,j	...	An-1,m-1	An-1,m	SLn-1
Xn	An,1	An,2	...	An,j	...	An-1,m-1	An,m	SLn
TOTAL	SC1	SC2	...	SCj	...	SCm-1	SCm	ST

O princípio é medir a diferença entre as observações e uma situação em que as duas variáveis seriam completamente independentes (não relacionadas). Para simular esta situação de independência total, calculamos os números teóricos utilizando a seguinte fórmula:

$$E_{i,j} = \frac{SL_i \times SC_j}{ST}$$

	Y1	Y2	...	Yj	...	Ym-1	Ym	TOTAL
X1	E1,1	E1,2	...	E1,i	...	E1,m-1	E1,m	SL1
X2	E2,1	E2,2	...	E2,i	...	E2,m-1	E1,m	SL2
...	...	...	...	...	...	...	...	...
Xi	Ei,1	Ei,2	...	Ei,j	...	Ei,m-1	Ei,m	SLi
...	...	...	...	...	...	...	...	...
Xn-1	In-1.1	En-1.2	...	En-1,j	...	En-1,m-1	En-1,m	SLn-1
Xn	Em,1	Em,2	...	En,j	...	En-1,m-1	Em,m	SLn
TOTAL	SC1	SC2	...	SCj	...	SCm-1	SCm	ST

Em seguida, tentamos avaliar a diferença entre os números observados e os teóricos para obter o diferencial de independência:

	Y1	Y2	...	Yj	...	Ym-1	Ym	TOTAL
X1	E1,1	E1,2	...	E1,i	...	E1,m-1	E1,m	SL1
X2	E2,1	E2,2	...	E2,i	...	E2,m-1	E1,m	SL2
...	...	...	...	...	...	...	...	...
Xi	Ei,1	Ei,2	...	Ei,j	...	Ei,m-1	Ei,m	SLi
...	...	...	...	...	...	...	...	...

Xn-1	In-1.1	En-1.2	...	En-1,j	...	En-1,m-1	En-1,m	SLn-1
Xn	Em,1	Em,2	...	En,j	...	En-1,m-1	Em,m	SLn
TOTAL	SC1	SC2	...	SCj	...	SCm-1	SCm	ST

Os desvios à independência são :

$$D_{i,j} = A(i,j) - E(i,j)$$

	Y1	Y2	...	Yj	...	Ym-1	Ym	TOTAL
X1	D1,1	D1,2	...	D1,i	...	D1,m-1	D1,m	0
X2	D2,1	D2,2	...	D2,i	...	D2,m-1	D1,m	0
...	...	...	...	...	...	...	...	0
Xi	Di,1	Di,2	...	Di,j	...	Di,m-1	Di,m	0
...	...	...	...	...	...	...	...	0
Xn-1	Dn-1,1	Dn-1,2	...	Dn-1,j	...	Dn-1,m-1	Dn-1,m	0
Xn	Dn,1	Dn,2	...	Dn,j	...	Dn-1,m-1	Dn,m	0
TOTAL	0	0	0	0	0	0	0	0

O qui-quadrado é obtido a partir de :

$$\chi^2 = \sum_{i=1}^{n} \sum_{j=1}^{m} \frac{D^2(i,j)}{E^2(i,j)}$$

H0: X e Y são independentes (não há relação)

H1: X e Y estão relacionados

A hipótese nula H0 é rejeitada com uma margem de erro α se χ^2 for superior a K^2. Recorde-se que K^2 é o limiar do qui-quadrado para α margem de erro com v graus de liberdade (tabela do qui-quadrado).

A margem de erro escolhida α é exógena (a ser fixada a priori). O grau de liberdade é calculado por :

$$v = (n - 1)(m - 1)$$

Onde n é o número de linhas e m é o número de colunas.

Exemplo:

Um laboratório médico está a realizar um ensaio clínico para determinar se um tratamento é eficaz na cura de uma doença. Para o efeito, recolheu dados de 100 doentes, que são apresentados na seguinte tabela de contingência:

	Não ter recebido tratamento	Ter recebido tratamento	TOTAL
Curado	11	47	58
Não curado	39	3	42
TOTAL	50	50	100

Força de trabalho teórica

	Não ter recebido tratamento	Depois de receber o tratamento	TOTAL
Curado	29	29	58
Não curado	21	21	42
TOTAL	50	50	100

Saídas da independência

	Não ter recebido tratamento	Depois de receber o tratamento	TOTAL
Curado	-18	18	0
Não curado	18	-18	0
TOTAL	0	0	0

Cálculo de χ^2

	Não ter recebido tratamento	Depois de receber o tratamento	TOTAL
Curado	11.17241379	11.17241379	22.344828
Não curado	15.42857143	15.42857143	30.857143
TOTAL	26.60098522	26.60098522	53.20197

Temos então $\chi^2 = 53{,}20197$.

Com um risco de erro de 5% (ou 0,05) e $v = (2-1)(2-1) = 1$ grau de liberdade, o qui-quadrado crítico K^2 (de acordo com a tabela do qui-quadrado) é 3,84 (ver como ler a tabela seguinte):

Risque/marge
d'erreur

ν \\ α	0,99	0,975	0,95	0,90	0,10	0,05	0,025	0,01	0,001
1	0,0002	0,001	0,004	0,016	2,71	3,84	5,02	6,63	10,83
2	0,02	0,05	0,10	0,21	4,61	5,99	7,38	9,21	13,82
3	0,11	0,22	0,35	0,58	6,25	7,81	9,35	11,34	16,27
4	0,30	0,48	0,71	1,06	7,78	9,49	11,14	13,28	18,47
5	0,55	0,83	1,15	1,61	9,24	11,07	12,83	15,09	20,51
6	0,87	1,24	1,64	2,20	10,64	12,59	14,45	16,81	22,46
7	1,24	1,69	2,17	2,83	12,02	14,07	16,01	18,48	24,32
8	1,65	2,18	2,73	3,49	13,36	15,51	17,53	20,09	26,12
9	2,09	2,70	3,33	4,17	14,68	16,92	19,02	21,67	27,88
10	2,56	3,25	3,94	4,87	15,99	18,31	20,48	23,21	29,59

Degré de
liberté

Tabela de qui-quadrado

TABLE DU χ^2

La table donne la probabilité α pour que χ^2 égale ou dépasse
une valeur donnée, en fonction du nombre de degrés de liberté v.
Exemple : avec $v = 3$, pour $\chi^2 = 0{,}11$ la probabilité $\alpha = 0{,}99$.

v \ α	0,99	0,975	0,95	0,90	0,10	0,05	0,025	0,01	0,001
1	0,0002	0,001	0,004	0,016	2,71	3,84	5,02	6,63	10,83
2	0,02	0,05	0,10	0,21	4,61	5,99	7,38	9,21	13,82
3	0,11	0,22	0,35	0,58	6,25	7,81	9,35	11,34	16,27
4	0,30	0,48	0,71	1,06	7,78	9,49	11,14	13,28	18,47
5	0,55	0,83	1,15	1,61	9,24	11,07	12,83	15,09	20,51
6	0,87	1,24	1,64	2,20	10,64	12,59	14,45	16,81	22,46
7	1,24	1,69	2,17	2,83	12,02	14,07	16,01	18,48	24,32
8	1,65	2,18	2,73	3,49	13,36	15,51	17,53	20,09	26,12
9	2,09	2,70	3,33	4,17	14,68	16,92	19,02	21,67	27,88
10	2,56	3,25	3,94	4,87	15,99	18,31	20,48	23,21	29,59
11	3,05	3,82	4,57	5,58	17,28	19,68	21,92	24,73	31,26
12	3,57	4,40	5,23	6,30	18,55	21,03	23,34	26,22	32,91
13	4,11	5,01	5,89	7,04	19,81	22,36	24,74	27,69	34,53
14	4,66	5,63	6,57	7,79	21,06	23,68	26,12	29,14	36,12
15	5,23	6,26	7,26	8,55	22,31	25,00	27,49	30,58	37,70
16	5,81	6,91	7,96	9,31	23,54	26,30	28,85	32,00	39,25
17	6,41	7,56	8,67	10,09	24,77	27,59	30,19	33,41	40,79
18	7,01	8,23	9,39	10,86	25,99	28,87	31,53	34,81	42,31
19	7,63	8,91	10,12	11,65	27,20	30,14	32,85	36,19	43,82
20	8,26	9,59	10,85	12,44	28,41	31,41	34,17	37,57	45,31
21	8,90	10,28	11,59	13,24	29,62	32,67	35,48	38,93	46,80
22	9,54	10,98	12,34	14,04	30,81	33,92	36,78	40,29	48,27
23	10,20	11,69	13,09	14,85	32,01	35,17	38,08	41,64	49,73
24	10,86	12,40	13,85	15,66	33,20	36,42	39,36	42,98	51,18
25	11,52	13,12	14,61	16,47	34,38	37,65	40,65	44,31	52,62
26	12,20	13,84	15,38	17,29	35,56	38,89	41,92	45,64	54,05
27	12,88	14,57	16,15	18,11	36,74	40,11	43,19	46,96	55,48
28	13,56	15,31	16,93	18,94	37,92	41,34	44,46	48,28	56,89
29	14,26	16,05	17,71	19,77	39,09	42,56	45,72	49,59	58,30
30	14,95	16,79	18,49	20,60	40,26	43,77	46,98	50,89	59,70

Fonte : http://www.leblogdutesteur.fr/test-de-khi-deux/

Bibliografia

Agresti, A. (2018). *Statistical Inference.* Duxbury Press.

Babbie, E. (2016). *A prática da investigação social.* Cengage Learning.

Babbie, E. R. (2016). *A prática da investigação social.* Cengage Learning.

Banerjee, A., Duflo, E., Glennerster, R., & Kinnan, C. (2014). *O milagre das microfinanças? Evidências de uma avaliação aleatória.* Jornal Económico Americano: Economia Aplicada.

Bryman, A. (2016). *Métodos de investigação social (5.ª ed.).* Oxford University Press.

Burns, N., & Grove, S. K. (2010). *The Practice of Nursing Research: Appraisal, Synthesis, and Generation of Evidence (6ª ed.).* Elsevier.

Cochran, W. (1977). *Sampling Techniques (3ª ed.).* Nova Iorque: John Wiley & Sons.

Cohen, J. (1988). *Statistical Power Analysis for the Behavioral Sciences (2ª ed.).* Lawrence Erlbaum Associates.

Creswell, J. W. (2014). *Research Design: Qualitative, Quantitative, and Mixed Methods Approaches (4ª ed.).* Sage Publications.

Field, A. (2013). *Descobrindo a estatística usando o IBM SPSS Statistics (4ª ed.).* Sage Publications.

Flaxman, S. (2020). *Estimando os efeitos das intervenções não farmacêuticas no COVID-19 na Europa.* Nature.

Fowler, F. J. (2014). *Métodos de investigação por inquérito.* Sage Publications.

Hall, J., & Krueger, A. (2017). *An Analysis of the Labor Market for Uber's Driver-Partners in the United States [Uma análise do mercado de trabalho para motoristas parceiros da Uber nos Estados Unidos].* ILR Review.

Huber, P., & Ronchetti, E. (2011). *Robust Statistics.* John Wiley & Sons.

Israel, G. (1992). *Determinação do tamanho da amostra.* Extensão IFAS da Universidade da Flórida.

Kahneman, D., & Tversky, A. (1979). *Prospect theory: an analysis of decision under risk.* Econometrica.

Keller, G. (2018). *Introdução à estatística.* Duxbury Press.

Krejcie, R., & Morgan, D. (1970). *Determinação da dimensão da amostra para actividades de investigação.* Educational and Psychological Measurement.

Monjallon, A. (1980). *Introduction à la méthode statistique.* Paris: Vuibert.

Moore, D., McCabe, G., & Craig, B. (2017). *Introdução à prática da estatística (9ª ed.).* Nova Iorque: W. H. Freeman.

Rohatgi, V. K., & K., S. A. (2001). *An Introduction to Probability and Statistics.* Wiley.

Siegel, S., & Castellan, N. J. (1988). *Nonparametric Statistics for the Behavioral Sciences (2ª ed.).* McGraw-Hill.

Stevens, S. S. (1946). *On the Theory of Scales of Measurement (Sobre a Teoria das Escalas de Medição).* Science.

Sullivan, L. M. (2010). *Statistics in Medicine.* Wiley-Blackwell.

Thomas, E. (2012). *Prevenção da malária em bebés e crianças na África Subsariana: uma revisão sistemática e meta-análise.* Lancet Infectious Diseases.

Tillé, Y. (2010). *Resumo do Curso de Estatística Descritiva.* Universidade de Neuchâtel.

Trochim, W. M. (2006). *The Research Methods Knowledge Base (2ª ed.).* Cengage Learning.

Villemin, G. (2017, 13 de agosto). *Ondas electromagnéticas.* Recuperado de Lumvisib: http://villemin.gerard.free.fr/Science/Lumvisib.htm

Woods, T. M., & Lichtenfeld, M. (2018). *Métodos estatísticos para as ciências sociais.* Pearson.

Printed by Books on Demand GmbH, Norderstedt / Germany